U0309536

甜品时间

冰饮

【美】瓦莱丽·艾克曼·史密斯 著　方懿文 译

南海出版公司

2014·海口

目录

关于榨汁

紫色饮料

红色饮料

关于榨汁

无论春夏秋冬，人们都渴望果汁的味道。清晨的鲜榨柑橘汁将我们唤醒。忙碌时的奶油沙冰让我们精力充沛。炎热的午后，大杯的冰爽果汁能满足我们的味蕾。揉合了新鲜果蔬口味的鸡尾酒则在夜晚显得更加诱人。

　　五彩缤纷的果汁闪耀着紫、红、粉、橙、黄、绿等颜色。在本书中，您会看到一道有着清新色彩和鲜活口味的彩虹。您可以随手翻阅到深紫色的石榴蓝莓汁，或将目光投注于夏日樱桃缤纷果汁那令人震撼的红色上，精致的粉色西柚汁能给您的马提尼添彩。您还可以在橙色的桃子露中添加起泡葡萄酒，注满香槟酒杯，或是用高脚杯盛满充满阳光味道的菠萝汁，或者将绿色植物的混合果汁搅拌成一杯浓郁诱人的沙冰，好好地享受吧！

　　榨汁机和搅拌机是榨汁的必备工具，它们从果蔬中提取纯正的口味，并把它们搅拌成爽滑的果蔬泥。只需轻按开关，数秒钟后就能品尝到新鲜果汁和沙冰。您可以享用单一果蔬纯正朴素的味道，也可以寻求令人兴奋的混搭风味。本书的很多配方中还提供了额外的窍门，让您从早餐到鸡尾酒时间都能享用到时尚饮品。本书还介绍了一些美味可口的冰冻果汁甜点，包括树莓冰棒、橘汁冰糕和酸李子格兰尼塔。

　　不管您榨汁是为了健康、消遣，还是准备派对，本书都能为您提供任何场合所需的冰饮配方。干杯！

健康榨汁

喝新鲜果汁在很多方面有助于身体健康并能提高您的幸福感：

·新鲜的果蔬汁富含营养，能为人体提供维生素和矿物质，特别是维生素C和钾。

·某些水果，如蓝莓和石榴还能为人体提供对抗自由基的抗氧化物。

·用搅拌机制成的果蔬沙冰，能保留果蔬中的部分纤维素。

·把新鲜果蔬榨汁或搅拌混合让它们更易消化。

·饮用生果蔬汁能帮助您达到专家推荐的每日果蔬摄入量。一杯果蔬汁的摄入量比您用其他方式获得的量要多。

·饮用果汁能帮助您保持充足的水分，让您一整天都精力充沛。

设备

一台电动榨汁机和一台搅拌机，是您在家榨汁的必备帮手，高速模式的机型效果更佳。只需轻按开关，这些厨房家电就能为您带来新鲜可口的饮品。今天要介绍的机型有很多值得一提的功能和特点。

榨汁机　　榨汁机有很好的分离功能，它锋利的刀片可以切割水果，并从果肉中尽可能多地榨取果汁。在分离过程中，旋转刀片高速运转，并通过研磨和挤压将果蔬磨碎。榨汁时，整个或切割成小块的果蔬进入送料口。果蔬汁从壶嘴流进果汁杯，另有容器收集干果渣。这些剩下的果渣可添加到烘焙食品中以补充食品的纤维素含量，也可直接丢弃或作理想的有机肥原料。由于榨汁的过程功力强劲，榨出的果蔬汁常常带有泡沫，不同的果蔬产生的泡沫量也不同，但只需静置几分钟，大部分的泡沫很快就会消失。

老式榨汁机可处理的果蔬种类很多，包括较软的浆果及较硬的苹果和胡萝卜等，但不能涵盖所有的果蔬。新型机带有第二叶片装置，可以处理桃子和香蕉这类柔软多肉的水果，而不会造成堵塞。一些榨汁机还带有搅拌机功能，可制作沙冰。榨汁机易于拆卸清洗。每次使用过后，都应拆下过滤网、刀片、果渣盒和果汁杯并及时清洗。很多机型都可放心用洗碗机清洗。而且，在使用榨汁机前，请务必仔细阅读使用说明书。

高速搅拌机　搅拌机可把整个水果或蔬菜搅成泥状。和榨汁机不同的是，搅拌机几乎不浪费原料，不仅能保留果蔬中的大部分纤维，还有更多的健康益处。搅拌前要做一些准备。您需要去除某些蔬果的果皮和果核，将果肉大致切碎，这样能帮助搅拌机平稳顺利地工作。搅拌机中还应加入一些液体，使机器中的果蔬下沉至旋转叶片的位置。不同的搅拌机在质量和价格上有很大的差别。专业的高速搅拌机有着令人惊叹的速度设定范围，从制作果泥的速度到制作冰冻甜点的速度均可设定。

由于这些机器的功力十分强劲，所以起初应选择较慢的速度，再循序渐进。但是，普通的搅拌机可能无法处理冰块或更为坚硬的固体，所以使用时需留意机器的性能。与榨汁机一样，搅拌机的大多数部件都可放心用洗碗机清洗。此外，务必在使用前阅读使用说明书。

成功秘诀

遵循以下的简单指示，就能信心满满地榨汁了：

了解您的机器：将香蕉或冰块放入机器前，请浏览用户指南。这能帮助保护您和您的机器。

冰镇果汁：如果要马上提供冰镇果汁，应选择冰冻的果蔬作为原料。或者将果汁杯置于冰箱冷藏30分钟。

体会自然：选择完全有机的原料，仔细地切削和清洗，这样您就能享用到纯正的果汁了。

专业准备：在准备搅拌前，应去除您在饮用果汁时不想喝到的任何东西，包括果皮和果核，并将果肉切块。

小心手指：应使用正确的工具将果蔬置于加料口中。

榨汁顺序：如果要榨不同的水果，应先榨果汁较浓稠的水果，再榨较稀薄的，以便冲洗机器。

拥抱您心中的调酒师：把果汁变成流行的鸡尾酒。第9页将为您介绍关于糖浆、冰块和装饰的灵感。

榨汁最佳选择

要制作美味可口的果汁冰饮首先要选择成熟新鲜的原料。当您前往市场时，要想好所需原料的材质和口味。如果可能的话，尽量购买有机果蔬，因为果蔬的大部分会被榨成汁，所以选择高质量的原料十分重要。

水果类

浆果类或果粒类：清洗草莓或葡萄后，取一些置于槽口中，草莓要去蒂。另外榨汁机可以过滤掉细小的果实种子，比如石榴。

小试牛刀：黑莓、蓝莓、蔓越莓、树莓、草莓、葡萄和石榴

瓜类：瓜类水果出汁率高。挑选较成熟的果实，削皮后切成大块。

小试牛刀：哈密瓜、甜瓜和西瓜

带核水果类：桃子和其他的带核水果所出的果汁甜蜜浓稠。选择柔软成熟的水果，去除果核。使用机器时应检查设置，必要时使用果泥盘。

小试牛刀：杏、樱桃、油桃、水蜜桃和李子

热带水果类：给菠萝和芒果削皮去核，给香蕉和多毛的猕猴桃剥皮。香蕉适合用搅拌机，有些榨汁机不能处理，必要时使用果泥盘。

小试牛刀：香蕉、椰子、猕猴桃、芒果和菠萝

果树水果类：脆甜的苹果和梨能变成新鲜的秋日饮品。将果实切成两半或四份，去除果核和梗。这类果实的果汁应立即饮用，不然会很快氧化。

小试牛刀：苹果和梨

柑橘类：老式的柑橘类压榨机仍然有效，但榨汁机能榨出更多的果汁。先去除苦涩的外皮，再去掉白髓和较大的果核。

小试牛刀：西柚、柠檬、青柠、甜橙和橘子

蔬菜类

茎芽类：芹菜汁清淡可人，味道较浓时也很不错。摘去干硬的根茎底部，去除大黄的叶子，将整捆蔬菜置于槽口中，好好地享受这个过程吧。

小试牛刀：芦笋、芹菜、茴香和大黄

绿叶蔬菜类：深色的绿叶蔬菜含有大量的维生素。混入苹果汁可以让蔬菜汁苦涩的味道变得柔和。冲洗掉蔬菜中的泥沙，将大的叶片卷起，以方便榨汁。

小试牛刀：甜菜、羽衣甘蓝、菠菜和小麦草

十字花科类：西兰花汁和卷心菜汁味道浓烈，但对健康的好处无可辩驳。试着将它们与味道清甜柔和的蔬菜一起榨汁，如胡萝卜。将较大的颗粒切开，以便于榨汁。

小试牛刀：西兰花、球芽甘蓝、卷心菜和花椰菜

水果类蔬菜：这些"蔬菜"汁十分美味，有较为稀薄的甜椒汁和浓稠的番茄汁等。去掉蒂，但保留菜籽用于品尝。鳄梨可能需要果泥盘。搅拌前应检查机器的设置或选项。

小试牛刀：鳄梨、甜椒、红番椒、黄瓜和番茄

硬根蔬菜类：胡萝卜汁味道清甜，只需一口就让人精力充沛，因此拥有一批狂热的追随者。大部分的硬根蔬菜都不需削皮，但要摘除叶子并认真清洗。它们清淡朴实的的甜味常与其他果蔬配对，与柑橘类搭配尤佳。

小试牛刀：甜菜根、胡萝卜、欧洲萝卜和水萝卜

经典果汁鸡尾酒

很多人一旦开始制作美味的冰饮，就会很自然地去拿鸡尾酒调酒器。下面的图表列出了经典果汁鸡尾酒的基本配比。当您对这些口感清爽的调制品有了自己的品味时，就可以试着调制出自己的鸡尾酒口味了。

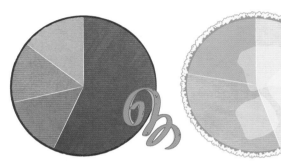
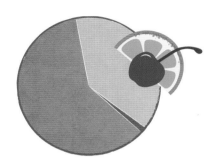

大都会

4份伏特加

1份橙皮甜酒

1份蔓越莓汁

1份青柠汁

装饰物：螺旋形青柠皮

玛格丽特

4份白色龙舌兰

3份橙皮甜酒

2份青柠汁

杯口蘸盐

龙舌兰日出

5份橙汁

8份白色龙舌兰

几滴石榴糖浆

装饰物：橙片、马拉斯金樱桃

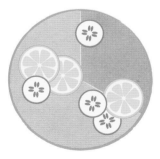
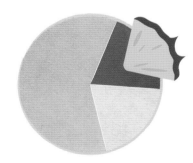

螺丝刀

5份橙汁

4份伏特加

装饰物：橙片

飘仙

1份飘仙一号酒

2份柠檬水

装饰物：黄瓜片、柠檬片

果汁朗姆冰酒

1份淡朗姆酒

3份菠萝汁

1份椰奶

装饰物：楔形菠萝片

迈泰

3份黑朗姆酒

2份淡朗姆酒

2份橙皮甜酒

1份杏子白兰地

2份青柠汁

2份白糖浆

几滴杏仁糖浆

桑格里厄汽酒

6份红酒

1份白兰地

1份橙皮甜酒

1份蔓越莓汁

1份橙汁

1份白糖浆

装饰物：橙片、柠檬片

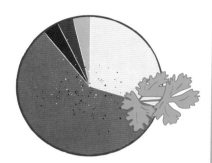

血腥玛丽

2份伏特加

4份番茄汁

挤出的柠檬汁

盐和胡椒

几滴辣酱油

几滴辣酱

装饰物：芹菜茎

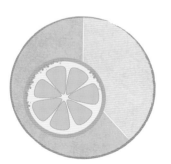

灰狗

5份伏特加

8份西柚汁

装饰物：西柚片

代基里鸡尾酒

4份淡朗姆酒

2份青柠汁

1份白糖浆

装饰物：楔形青柠片

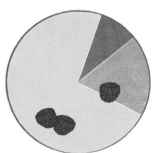

含羞草

1份橙皮甜酒

2份橙汁

8份香槟

装饰物：浆果

糖浆和装饰物

真正的调酒师备有一套激动人心的甜味剂和别出心裁的装饰物，从混合了香草和香料的白糖浆到独具一格的冰块。看看下面这些调制时尚鸡尾酒的小贴士吧。

白糖浆

1杯（250g）白糖

1½ 杯（375mL）水

可制成1½ 杯（375mL）白糖浆

混合白糖和水，放在小平底锅中用中火加热，煮至沸腾。降至中低火，用文火熬10分钟，直到白糖完全溶解。将熬好的糖浆放在一旁冷却（因为刚出锅的糖浆很烫）。冷却后可立即使用，也可装入瓶或密闭容器中，放入冰箱冷藏，可保存14天。

迷迭香白糖浆 根据指示准备好白糖浆的原料，并在原料中添加一小枝迷迭香。熬煮糖浆时，若迷迭香的香味达到所需的浓度，可将其移除。糖浆冷却后需要冷藏。

更多种类的混合型糖浆 试着用其他香草来代替迷迭香，如新鲜的百里香枝、薄荷叶、罗勒叶或薰衣草；也可使用香料，如肉桂、香草豆荚、小豆蔻、胡椒果实、丁香或鲜姜；还可以用茶叶代替，如伯爵茶。（文火熬煮后，在糖浆中添加茶包，糖浆冷却后移除茶包，以免过度浸泡。）

可供选择的甜味剂 您也可以尝试不同的甜味剂来代替白糖浆。比如，用蜂蜜调制花香风味，或者用龙舌兰花露调制焦糖。

华丽的装饰物

缤纷多彩的饮料值得额外的关注（特别是在鸡尾酒时间）。

冰块 用果汁制成的冰块非常漂亮，而且它们会慢慢地散发香味。特色模具可以制成不同形状的冰块，包括方形、星形和心形等。用彩色果汁做冰块原料，还可以在其中嵌入浆果、樱桃或可食用的花朵。

别有风味的杯口 蘸有糖或盐的杯口使饮品更具风味和个性。试着混合磨碎的橘皮、切碎的香草或香料，如红辣椒或肉桂。用少许水或果汁沾湿玻璃杯口，把混合物撒在小碟子里，将杯口倒置于碟中。待杯边蘸有混合物后，再小心地倒入鸡尾酒，以免冲去您的杰作。

柑橘类水果最外层的薄皮含有浓烈的香味。用刨丝器、蔬菜削皮器或锋利的水果刀取皮，避免混入果皮下面苦涩的白髓。最后，为了增添风味，可在杯沿装饰一根细长的条状果皮，在饮料中投入果皮丝，或在果汁杯中加入碎果皮。

果蔬片或楔形果蔬 为了快捷起见，可直接取用砧板上现成的果蔬片或楔形果蔬。您可以试着从不同的方向切片，或根据自己的喜好创造有趣的形状。脱水的水果片也很漂亮，此外，很多蔬菜鸡尾酒喜欢搭配泡菜的酸味。

BERRY
pomegranate
PLUM
blueberry
POMEGRANATE
GRAPE
BLACKBERRY

紫色饮料

GRAPE
BLACKBERRY
pomegranate
BLUE
BERRY
grape

石榴蓝莓汁

石榴和蓝莓富含丰富的维生素，它们的搭配非常可口。但依据酸味的浓度，您可能需要给果汁添加少许甜味剂。

配料：
1杯（185g）石榴籽
2杯（250g）蓝莓
糖（可选）
冰块
苏打水
装饰物：整粒蓝莓

可制成2人份（1杯/250mL果汁）

果味杜松子汽酒
配料：
4粒杜松子
½杯（125mL）杜松子酒（亨德里克杜松子酒尤佳）
糖少许
冰块
½杯（125mL）石榴蓝莓汁
一份有机鸡蛋清
奎宁水

可制成2份鸡尾酒

1. 石榴籽和蓝莓用榨汁机榨汁。试尝甜度，如有需要，可添加少许白糖。

2. 高脚杯中加冰，倒入果汁后，注入苏打水。饰以蓝莓即可。

调制果味杜松子汽酒

1. 在鸡尾酒调制器中混合杜松子、杜松子酒和白糖。再加入冰块，倒入石榴蓝莓汁和鸡蛋清。

2. 剧烈摇晃后，倒入加冰的玻璃杯。再注入奎宁水即可。

注意：此食谱含有生鸡蛋。如果您有卫生方面的担忧，可以将其省略或者用巴氏杀菌的鸡蛋产品作为替代。

黑莓苹果汁

黑莓和苹果是果汁中的完美搭档。浆果的口味清淡朴实，而苹果的口味甜蜜温和。

配料：

2个红富士苹果

5杯（625g）黑莓

糖（可选）

冰块

装饰物：切半的黑莓和薄苹果片

苏打水

可制成2~3人份（2½杯/625mL果汁）

黑莓苹果汁潘趣酒

配料：

1杯（250mL）伏特加

¼杯（60mL）黑醋栗酒

1份黑莓苹果汁

碎冰

可制成1罐，4~6人份。

1. 将苹果切成平均的4块，去果核。用榨汁机先榨黑莓汁，再榨苹果汁。试尝甜度，如有需要可加入少许糖。

2. 大果汁罐①中加冰，饰以切半的黑莓和苹果片。注入黑莓苹果汁，搅拌，再加苏打水即可。

用黑莓苹果汁调制的潘趣酒

把伏特加和黑醋栗酒倒入盛有黑莓苹果汁的大果汁罐，搅拌。高脚杯中加碎冰，倒入调制好的潘趣酒即可。

---

① 大果汁罐，本书中专指Pitcher，是一种单面带把手、有倾倒口的水壶，通常用于配制多人份的饮料。

李子汁

榨汁时应选择硬实的甜李子，这样榨汁效果最佳。加入日本青梅酒和起泡葡萄酒后，李子汁就变成了汽酒。

配料：

8个大李子，总重量约1.5kg

龙舌兰花蜜或蜂蜜（可选）

冰块

可制成2人份（2杯500mL果汁）

李子汽酒

配料：

冰块

1杯（250mL）李子汁

½杯（125mL）日本青梅酒

装饰物：李子片

1瓶（750mL）冰镇起泡白葡萄酒

可制成1罐，6~8人份

1. 李子对切开，去核。用榨汁机榨李子汁。榨出的果汁静置几分钟，让泡沫消退、果汁沉淀。

2. 试尝甜度，如有需要可加入龙舌兰花蜜。玻璃杯中加冰，注入果汁即可。

调制李子汽酒

大果汁罐中加冰，倒入李子汁和青梅酒。加入李子片，搅拌，再加起泡白葡萄酒。倒入冰镇玻璃杯即可。

姜香李子格兰尼塔

深红色的圣罗莎李子香甜多汁，它的果汁颜色也充满了活力。添加鲜姜后，另有一丝令人振奋的热量缠绕于舌尖。

配料：

12个圣罗莎李子，总重量大约2.25kg

1杯（250mL）白糖浆（见第9页）

¼杯（35g）切碎的鲜姜

装饰物：李子片

可制成6人份

1. 将李子切半去核。把冷却的白糖浆倒进搅拌机。加入李子和姜，搅拌至顺滑。

2. 将混合物倒入一个23cm×33cm的玻璃盘，盖上盖子，置于冰箱冷冻约1小时。然后从冰箱中取出，用叉子将混合物刮成薄片。再放回冰箱，每隔30分钟重复这个过程，直到混合物看起来像刨冰一样，总计花费时间约3小时。

3. 用勺子舀取格兰尼塔至玻璃杯或碗里，饰以李子片即可。

注意： 在上桌前一天制作好格兰尼塔。使用塑料保鲜膜密封储存。

混合浆果奶昔

制作这款奶昔非常有趣，可以用草莓、蓝莓和黑莓混合出美妙的滋味。酸奶使它的口感如奶油般细滑。

配料：

2杯（250g）草莓

1杯（125g）蓝莓

1杯（125g）黑莓

1杯（250g）原味酸奶

1杯（250g）冰块

龙舌兰花蜜或蜂蜜

可制成5人份（5杯/ 1.25L）

冰爽浆果马提尼

配料：

½杯（60g）草莓

¼杯（30g）蓝莓

¼杯（30g）黑莓

¾杯（180mL）伏特加

覆盆子烈酒

1杯（250g）碎冰

装饰物：整颗浆果

可制成3~4人份鸡尾酒

1. 草莓去蒂。将草莓、蓝莓、黑莓、酸奶和冰块放入搅拌机中，搅打至混合物顺滑。试尝奶昔甜度，如有需要可添加少量龙舌兰花蜜。

2. 把奶昔倒入冰镇玻璃杯即可。

调制冰爽浆果马提尼

1. 将草莓、蓝莓、黑莓、伏特加、几滴覆盆子烈酒和碎冰加入搅拌机中，搅打至混合物顺滑。

2. 把马提尼倒入冰镇玻璃杯，饰以整颗浆果即可。

BEET RED
VEGGIE
blood orange
CHERRY
POMEGRANATE
tomato
WATEMELON

红色饮料

blood orange
BEET
VEGGIE
POMEGRANATE
cherry

缤纷樱桃汁

在樱桃上市的季节，市场上满是各种果蔬，色彩缤纷。美国加州樱桃的肉色较深，肉质饱满，口感醇厚，是榨汁的完美选择。

配料：
3杯（500g）美国加州樱桃
碎冰
苏打水
装饰物：整颗樱桃

可制成2人份（¾杯/180mL果汁）

樱桃香槟鸡尾酒
配料：
樱桃酒
樱桃汁
冰镇香槟

装饰物：整颗樱桃

可制成1份鸡尾酒

1. 樱桃去蒂去核，榨汁。

2. 高脚杯中加碎冰，倒入果汁，再加苏打水，饰以整颗樱桃即可。

调制樱桃香槟鸡尾酒

放一整颗樱桃在细长的冰镇玻璃杯底部。倒几滴樱桃酒，再注入樱桃汁至酒杯¼处。然后倒满香槟即可。

血橙汁

深冬之时，鲜榨橙汁能助您消除疲劳，焕发新生。特别是血橙汁，呈炫目的宝石色，是鸡尾酒的绝佳原料。

配料：

6个血橙

2茶匙白糖

1茶匙切碎的迷迭香叶

冰块

可制成2人份（2杯/500mL果汁）

血橙含羞草鸡尾酒

配料：

血橙汁

冰镇香槟

方糖

可制成1份鸡尾酒

1. 血橙去皮，切成4块、去核，榨汁。

2. 在小碟子中混合白糖和迷迭香。用少许果汁沾湿小玻璃杯口，杯口倒置于白糖混合物中。玻璃杯中加冰，倒入果汁即可。

调制血橙含羞草鸡尾酒

将血橙汁倒入细长的冰镇玻璃杯，至酒杯¼处。再加满香槟，放1块方糖即可。

蔓越莓梨汁

梨的清甜平衡了这款秋季果汁的酸味。新鲜蔓越莓的生长时节较短，所以冷冻浆果也是不错的选择。榨汁之前需先解冻。

配料：

3个梨，总重量大约1kg

1包（315g /不足3杯）冰冻蔓越莓，需解冻

碎冰

可制成2人份（2杯/500mL果汁）

缤纷蔓越莓鸡尾酒

配料：

蔓越莓梨汁

冰镇起泡红葡萄酒，如蓝布鲁斯科酒

方糖

装饰物：整颗蔓越莓

可制成1份鸡尾酒

1. 将梨对半切开，去果核。用榨汁机把蔓越莓和梨榨汁。榨出的果汁静置几分钟，让泡沫消退、果汁沉淀。

2. 玻璃杯中加碎冰，倒入果汁即可。

调制缤纷蔓越莓鸡尾酒

在冰镇玻璃杯中放几颗蔓越莓。倒入蔓越莓梨汁至酒杯¼处。再加满起泡红酒，放一块方糖即可。

石榴汁

您可以购买已经剥好的石榴籽，这能帮您节省时间。如果您买的是整个石榴，一个大石榴约能剥出两杯（375g）石榴籽。

配料：

4杯（750g）石榴籽，需多留一些作装饰用

蜂蜜，龙舌兰花蜜或白糖（可选）

冰块

苏打水

装饰物：石榴籽

可制成2~3人份（2¼杯/560mL果汁）

石榴大都会鸡尾酒

配料：

冰块

¼杯（60mL）石榴汁

¼杯（60mL）香橼伏特加

¼杯（60mL）橘味白酒

装饰物：石榴籽

可制成2份鸡尾酒

1. 用榨汁机榨石榴汁。试尝甜度，如有需要可加入少许蜂蜜。

2. 玻璃杯中加冰，倒入果汁后，注入苏打水，饰以石榴籽即可。

调制石榴大都会鸡尾酒

在鸡尾酒调制器中加冰块，倒入石榴汁、伏特加和橘味白酒。剧烈摇晃后，倒入冰镇玻璃杯。饰以石榴籽即可。

石榴大都会鸡尾酒

甜菜橙汁

根茎类蔬菜榨出的汁液出人意料的醇厚清甜。可能甜菜和橙子这两种原料的混搭听起来像奇怪的组合，但它们却是天作之合。

配料：

4个脐橙

3个红甜菜

冰块

可制成2~3人份（2½杯/ 625mL果汁）

甜菜伏特加奎宁

配料：

冰块

1根红甜菜榨的汁

½杯（125mL）伏特加

奎宁水

可制成2份鸡尾酒

1. 橙子去皮，对切成4块，去核。甜菜根清洗、削皮并切成4块。用榨汁机榨橙子和甜菜根汁。

2. 玻璃杯中加冰，倒入果汁即可。

调制甜菜伏特加奎宁

在鸡尾酒调制器中加冰，倒入甜菜汁和伏特加。剧烈摇晃后，倒入冰镇玻璃杯。再加奎宁水即可。

草莓罗勒果汁冰糕

罗勒有很多不同的种类，几乎任何一种都可与草莓搭配。这款果汁冰糕口味清淡，是结束用餐的绝佳选择。

配料：

3杯（375g）草莓

2杯（500mL）白糖浆（见第9页）

¼杯（10g）包装好的罗勒叶

1茶匙香醋

可制成4人份（4杯/1L）

1. 草莓去蒂。把冷却的白糖浆、草莓、罗勒叶和醋放入搅拌机中，搅打至混合物顺滑。

2. 将混合物倒入冰淇淋机中，根据说明书进行操作。然后存放至密闭容器中冷冻结实，约需两小时。

注意：如果您使用的是高速搅拌机，可把原料放入搅拌机中，加入3杯（750g）冰，用冷冻甜点的设置方法操作。

辣味番茄胡萝卜芹菜汁

薄皮的波斯黄瓜不需要去皮或去籽，所以常常添加在蔬菜汁中。还可以添加点香料，如芥末酱、山葵酱、辣椒酱或切碎的鲜辣椒。

配料：

10个番茄

2根芹菜

2根波斯黄瓜

2根胡萝卜

1个柠檬榨的汁

1茶匙芥末酱

1杯（250g）冰

食盐、海盐和磨碎的黑胡椒

装饰物：芹菜叶

可制成4人份（4杯/1L蔬菜汁）

血腥玛丽

配料：

1杯（250mL）冰镇香橼伏特加

3杯（750mL）辣味番茄胡萝卜芹菜汁

2杯（500mL）番茄汁

辣酱油

装饰物：芹菜枝和黄瓜丁

可制成1果汁罐，4~6人份鸡尾酒

1. 番茄去籽，对切成4块。芹菜和黄瓜切丁。胡萝卜削皮切丁。把番茄、芹菜、黄瓜、胡萝卜、柠檬汁、芥末酱和冰放入高速搅拌机中，打至混合物顺滑。用食盐、海盐和胡椒调味。

2. 将果汁倒入冰镇玻璃杯，饰以芹菜叶即可。

血腥玛丽

高果汁杯加冰，倒入伏特加、辣番茄胡萝卜芹菜汁和番茄汁。用几滴辣酱油、盐和胡椒粉调味。倒入冰镇酒杯，饰以芹菜枝和黄瓜丁即可。

注意：想要辣劲十足，可在其他调味料中拌入1茶匙山葵酱。

西班牙凉菜汤

受夏日汤饮的启发，此款汤汁混合了红甜椒、番茄和黄瓜。晚餐前可提供小杯，或添加伏特加制作派对酒水。

配料：

4个红甜椒

2个番茄

2根波斯黄瓜

½ 个墨西哥红辣椒

几滴西班牙雪利酒醋

1杯（250mL）水

½杯（125g）冰块

盐和胡椒

可制成8人份（8杯/2L汤汁）

西班牙凉菜汤酒

配料：

1份西班牙凉菜汤

2杯（500mL）伏特加

装饰物：辣椒粉

可制成8~10人份鸡尾酒

1. 甜椒对半切开，去籽去筋，并大致切碎。番茄去心，切成4块。黄瓜切片，辣椒切丝。

2. 把甜椒、番茄、黄瓜、辣椒、醋、水和冰放在搅拌机中，打至混合物顺滑。用盐和胡椒调味。倒入小杯即可。

调制西班牙凉菜汤酒

将西班牙凉菜汤倒入果汁杯，再添加伏特加，搅拌。倒入小杯，撒上辣椒粉即可。

西班牙凉菜汤酒

粉色饮料

灰狗

粉色西柚汁

柠檬百里香能增添草本清香，提升鲜西柚汁的口味。有很多种百里香可供选择，您可选用任一种。

配料：

4个红西柚

蜂蜜、龙舌兰花蜜或白糖（可选）

冰块

装饰物：柠檬百里香枝

可制成2人份（2杯/500mL果汁）

灰狗

配料：

冰块

½杯（125mL）粉红西柚汁

¼杯（60mL）伏特加

几滴橙皮甜酒

½茶匙柠檬百里香叶

装饰物：柠檬百里香枝

可制成1份鸡尾酒

1. 西柚去皮，对切成4块，去核，确保去除苦涩的白髓，榨汁。试尝甜度，如有需要可添加一些蜂蜜。

2. 玻璃杯加冰，每杯放1根百里香枝。倒入果汁即可。

调制灰狗鸡尾酒

在鸡尾酒调制器中加冰，倒入粉红西柚汁、伏特加和橙皮甜酒。添加百里香叶，猛烈摇晃。倒入冰镇玻璃杯，饰以柠檬百里香枝即可。

粉色薄荷柠檬水

这是一款简单快捷、美味止渴的饮料，适合大众。可根据您的喜好，加入冰块、草莓片或薄荷叶。

配料：

3杯（375g）草莓

1个柠檬

½杯（125mL）白糖浆（见第9页），如有需要可加更多

1杯（250mL）水

2滴玫瑰水（可选）

冰块

苏打水

装饰物：薄荷枝和草莓

可制成4人份（4杯/1L果汁）

粉红冰镇薄荷酒

配料：

½杯（15g）撕碎的薄荷叶

1杯（250mL）粉色薄荷柠檬水

碎冰

1杯（250mL）波旁威士忌

可制成4份鸡尾酒

1. 草莓去蒂，柠檬去皮，切成4块，去籽。把草莓、柠檬、冷却的白糖浆、水和玫瑰水（可根据需要使用）放入搅拌机中，搅打至顺滑。试尝甜度，如有需要可添加更多白糖浆。

2. 通过网筛过滤果汁，静置备用。

3. 大果汁罐中加冰、薄荷叶和草莓片。倒入草莓柠檬汁，再加苏打水。在冰箱中放置约30分钟，以达到冰镇效果。

4. 将柠檬水倒入冰镇玻璃杯即可。

调制粉红冰镇薄荷酒

使用冰镇薄荷酒酒杯或高脚杯，在粉色薄荷柠檬水中混入薄荷叶。再加满碎冰，倒入波旁威士忌。饰以薄荷枝即可。

西瓜青柠清凉果饮

这款拉丁风格的清淡果饮是炎热夏天的完美选择，可放在冰箱里保存，能喝一整天。选择水分充足的无籽西瓜。

配料：
1个无籽西瓜
2个青柠
2茶匙蜂蜜
¼杯（60mL）水
碎冰
苏打水
装饰物：青柠片和西瓜片

可制成4人份（4杯/ 1L果汁）

西瓜莫吉托鸡尾酒
配料：
½杯（20g）紧实包装的薄荷叶
1个青柠，切成楔形
冰块
1杯（250mL）白朗姆酒
2杯（500mL）西瓜青柠汁
苏打水

可制成1罐，4人份鸡尾酒

1. 西瓜去皮切成小块（您应准备约6杯/1kg的量）。青柠皮磨碎，备用，青柠果肉切成4块，去核。将西瓜块、青柠块、蜂蜜和水放入搅拌机中，搅打至混合物顺滑。

2. 大果汁罐中加碎冰，倒入西瓜青柠汁，再加苏打水。最后，加青柠皮，搅拌。饰以青柠片和西瓜片即可。

调制西瓜莫吉托鸡尾酒

1. 在大果汁罐中，用木汤匙混合薄荷和楔形青柠片，加冰。

2. 倒入朗姆酒和西瓜青柠汁，搅拌，再加满苏打水。倒入冰镇玻璃杯即可。

大黄生姜清凉饮料

生大黄是苦涩的，但将它放在白糖浆中用文火煮，就会变成美味的饮料。香草和姜汁则给这款诱人的饮品带来了清凉感。

配料：

5根大黄茎（315g）

½杯（125g）糖

½根香草荚

2杯（500mL）水

¼杯（35g）切碎的鲜姜

冰块

冰镇姜汁麦芽酒

可制成4人份（4杯/1L果泥）

大黄马提尼

配料：

碎冰

½杯（125mL）杜松子酒，最好是亨德里克酒

几滴干味美思，如诺瓦丽·普拉味美思酒

1杯（250mL）大黄生姜泥

装饰物：糖渍生姜

可制成2份鸡尾酒

1. 在平底锅中混合大黄、白糖、香草荚和水，用中火加热。盖锅盖，煮至沸腾，然后降至中低火，文火煮10分钟。离火，使之冷却。将香草豆荚取出扔掉。

2. 把冷却的大黄混合物和生姜放入搅拌机中，搅打至顺滑。通过网筛过滤果泥，备用。

3. 玻璃杯加冰，倒入大黄生姜泥，再加姜汁麦芽酒即可。

调制大黄马提尼

在鸡尾酒调制器中加碎冰，倒入杜松子酒、味美思酒和大黄生姜泥。剧烈摇晃后，将马提尼倒入冰镇玻璃杯。饰以糖渍生姜即可。

树莓杏仁奶昔

这款奶昔材料丰富，味道浓郁，深受孩子们喜爱。将它放在冰块模具中冷冻，只需片刻，一款零食就可以上桌了。无论如何，它都是派对的绝佳选择。

配料：

4杯（500g）树莓

1杯（155g）切碎的生杏仁

2杯（500mL）杏仁牛奶

½茶匙香草精

1½汤匙蜂蜜

250g树莓冰淇淋

装饰物：整颗树莓

可制成5人份（5杯/ 1.25L奶昔）

树莓冰棒

配料：

整颗的树莓

1份树莓杏仁牛奶（不加冰淇淋）

可制成约12根冰棒

1. 把树莓、杏仁、杏仁牛奶、香草精和蜂蜜放入搅拌机中，搅打至顺滑。

2. 舀几小勺树莓冰淇淋至高脚杯中。再倒入树莓杏仁牛奶，撒上几颗树莓即可。

制作树莓冰棒

撒几整颗树莓在冰棒模具的底部，每个冰棒模具中都倒入树莓杏仁奶昔。将它们冷冻至固体，至少需要4小时（约1小时后，在冰棒部分冻结时插入冰棒棍）。冰棒可在冰箱中保存4天。

草莓冰冻果汁

夏天意味着很多很多的草莓。把它们制成白天的冰冻饮料和日落时分的代基里鸡尾酒。可食用的花朵就是迷人的装饰。

配料：

3杯（375g）草莓

1杯（125g）树莓

¼杯（90g）蜂蜜

2杯（500g）冰块

½杯（125mL）水

装饰物：玫瑰色的天竺葵花

可制成5~6人份（5½杯/1.35L果汁刨冰）

草莓代基里鸡尾酒

配料：

½杯（125mL）白朗姆酒

1大勺草莓利口酒

1杯（250mL）草莓果汁刨冰

½杯（125g）碎冰

装饰物：玫瑰色的天竺葵花

可制成2份鸡尾酒

1. 草莓去蒂。把草莓、树莓、蜂蜜、冰和水放在搅拌机中，搅打至顺滑。

2. 将冰冻果汁倒入冰镇玻璃杯，饰以天竺葵花即可。

调制草莓代基里酒

1. 把朗姆酒、草莓利口酒、草莓果汁刨冰和冰放在搅拌机中，搅打至顺滑。

2. 将代基里酒倒入冰镇玻璃杯，饰以天竺葵花即可。

橙色饮料

芒果青柠汁

甜熟的芒果和酸爽的青柠是风行世界的经典组合。可添加一些酸奶和朗姆酒，将其调制成印度奶昔式的鸡尾酒。

配料：

3个芒果

1个青柠

½杯（25mL）水

碎冰

可制成1~2人份（1½杯/375mL果汁）

微醺印度奶昔

配料：

1½杯（375mL）芒果青柠汁

½杯（125mL）牙买加黑朗姆酒

1杯（250g）原味希腊酸奶

1杯（250g）碎冰

装饰物：烤椰丝

可制成2份鸡尾酒

1. 芒果去皮去核，切成大块。将青柠皮切成细条状，备用。青柠去皮，平均切成4块，去籽。

2. 把芒果、青柠块和水放入搅拌机中，搅打至顺滑。再加入青柠皮搅拌。

3. 玻璃杯加碎冰，倒入果汁即可。

调制微醺印度奶昔

把芒果青柠汁、朗姆酒、酸奶和冰放入搅拌机中，搅打至顺滑。倒入冰镇玻璃杯，饰以椰丝即可。

哈密瓜清凉果饮

生津止渴的清凉果饮是炎热天气的必选。柔和的橙色哈密瓜果肉是完美之选，特别适合休闲户外午餐或烧烤晚餐时饮用。

配料：

1个哈密瓜

1杯（250mL）水

2茶匙龙舌兰花蜜，如有需要可加更多

1个柠檬榨的汁

冰块

苏打水

装饰物：紫苏叶或薄荷叶

可制成6人份（6杯/ 1.5L果汁）

哈密瓜马提尼

配料：

碎冰

½杯（125mL）香橼伏特加

几滴干味美思酒

¾杯（180mL）哈密瓜汁

可制成2份鸡尾酒

1. 哈密瓜去籽去皮，切成块。把哈密瓜、水、龙舌兰花蜜和柠檬汁放在搅拌机中，搅打至顺滑。试尝甜度，如有需要可添加更多龙舌兰花蜜。

2. 在大果汁罐中加冰，倒入果汁。再加满苏打水，饰以紫苏叶即可。

调制哈密瓜马提尼

在鸡尾酒调制器中加入碎冰，倒入伏特加、味美思酒和哈密瓜汁。剧烈摇晃后，倒入冰镇玻璃杯即可。

芒果菠萝沙冰

这款饮品是多彩的热带水果的混搭，富含钾的香蕉使之变得浓稠。用椰子或杏仁牛奶代替水，可以让它更可口。

配料：

2杯（375g）新鲜或冻芒果块

2杯（375g）新鲜或冻菠萝块

1根香蕉

1个青柠榨的汁

½杯（125mL）水

½杯（125g）冰块

可制成4人份（4½杯/ 1.1L）

1. 如果使用新鲜的芒果和菠萝，需去皮，去核，切成块。香蕉去皮，切成块。把芒果、菠萝、香蕉、青柠汁、水和冰放在搅拌机中，搅打至顺滑。

2. 把沙冰倒入冰镇高脚杯中即可。

桃子露

该配方使用黄色或白色的桃子，都可制成香醇甜蜜的桃子露。保留桃皮，可以为果汁添加深橙色的美丽斑点。

配料：

6个黄色桃子，总重量约1.5kg

1杯（250mL）水，或根据需要决定是否加水

冰块

可制成6人份（6杯/1.5L桃子露）

桃子贝里尼鸡尾酒

桃子露

几滴桃子杜松子酒

冰镇普罗塞克葡萄酒

可制成1份鸡尾酒

1. 桃子对半切开去核。把桃子和水放入搅拌机中，搅打至顺滑。检查浓稠度，如有需要可添加更多的水（桃子露的浓稠度根据桃子的成熟度而有所不同）。

2. 玻璃杯加冰，倒入桃子露即可。

调制桃子贝里尼鸡尾酒

在冰镇起泡葡萄酒杯或高脚杯中倒入桃子露至酒杯¼处。添加几滴杜松子桃子酒，再加满普罗塞克葡萄酒即可。

桃子贝里尼鸡尾酒

橙汁奶油马提尼

橙汁

任何种类的橙子都适用于本食谱，但脐橙味甜且籽少，因而最适合。调制的橙汁奶油马提尼还能制成经典的雪糕。

配料：

6个脐橙

碎冰

苏打水（可选）

可制成2~3人份（2½杯/ 625mL果汁）

橙汁奶油马提尼

配料：

2茶匙白糖

1茶匙磨碎的橙皮

冰块

½杯（125mL）杜松子酒，如亨德里克酒

¼杯（60mL）橘味白酒

1杯（250mL）橙汁

2汤匙重奶油

可制成4份鸡尾酒

1. 橙子去皮，平均切成4块，去核。用榨汁机榨橙汁。

2. 高脚杯中加入碎冰，倒入果汁。如有需要，可再加满苏打水。

调制橙汁奶油马提尼

1. 在一个小碟子中混合白糖和橙皮。用一点果汁湿润小玻璃杯的杯口，再将杯口倒置于白糖混合物中，备用。

2. 在鸡尾酒调制器中加冰，倒入杜松子酒、橘味白酒、橙汁和奶油。剧烈摇晃后，倒入准备好的玻璃杯中即可。

橘汁冰糕

橘子有浓郁的柑橘香味。用这个配方制作出的果汁为基础，再添加香草、香料或利口酒就可以调制出一杯定制鸡尾酒。

配料：

4个橘子

2汤匙蜂蜜，最好是香橙花蜜

4杯（1kg）冰块

可制成5人份（5杯/1.25L）

橘子伏特加冰糕

配料：

1份橘汁冰糕

香橼伏特加

装饰物：干橙片或新鲜橙片

可制成4~6人份

1. 将橘皮磨碎。橘子去皮，平均切成4块，去核。将橘皮、橘子块、蜂蜜和冰放在搅拌机中，搅打至顺滑。

2. 把果泥倒入冰淇淋机，根据说明书进行操作。再将成品移至密闭容器中，直到冷冻至冻结，大约需要2小时。

调制橘子伏特加冰糕

舀几勺橘汁冰糕放入玻璃杯或碗中，每份倒入1小杯伏特加。饰以橙片即可。

橘子胡萝卜芹菜汁

用健康的混合果汁来开始新的一天，这些原料可能就在您的冰箱中。根据喜好，您可以增加配方，把果汁倒入漂亮的果汁杯即可。

配料：
4个脐橙
4根芹菜
8根胡萝卜
装饰物：带叶的芹菜枝

可制成2人份（2¼杯/560mL果汁）

普通鸡尾酒
配料：

冰块
¼杯（60mL）香橼伏特加
½杯（125mL）橘子胡萝卜芹菜汁
装饰物：带叶的芹菜枝

可制成2份鸡尾酒

1. 橙子去皮，平均切成4块，去核。切削并清洗芹菜和胡萝卜。用榨汁先榨橙汁，再榨芹菜和胡萝卜。

2. 将果汁倒入冰镇玻璃杯，饰以芹菜枝即可。

调制普通鸡尾酒

鸡尾酒调酒器中加冰，倒入伏特加和橘子胡萝卜芹菜汁。剧烈摇晃后，倒入冰镇玻璃杯，饰以芹菜枝即可。

APPLE&
pineapple
PEAR
banana
LEMON
PINEAPPLE

黄色饮料

APPLE
pineapple
LEMON
PEAR
BANANA
APPLE

迈耶柠檬酒

迈耶柠檬汁

在冬季和早春挑选迈耶柠檬。它们香甜的特点使之在新鲜简易的饮料和甜品中脱颖而出。

配料：

20个迈耶柠檬

冰块

1杯（250mL）白糖浆（见第9页），如有需要可加更多

苏打水

装饰物：柠檬马鞭草

可制成5人份（5杯/ 1.25L果汁）

迈耶柠檬酒

配料：

碎冰

¼杯（60mL）香橙伏特加

2茶匙柠檬酒

¼杯（60mL）迈耶柠檬汁

装饰物：柠檬马鞭草

可制成1份鸡尾酒。

1. 将5个迈耶柠檬的果皮磨碎，备用。所有的迈耶柠檬去皮，平均切成4块，去籽，榨汁。

2. 在大果汁罐中加冰，倒入果汁和冷却的白糖浆。试尝甜度，如有需要可添加更多白糖浆。加入柠檬皮，搅拌，再加苏打水。

3. 玻璃杯中加冰，倒入迈耶柠檬汁，饰以柠檬马鞭草即可。

调制迈耶柠檬酒

在鸡尾酒调制器中加碎冰，倒入伏特加、柠檬酒和迈耶柠檬汁。剧烈摇晃后，将这款马提尼酒倒入加有碎冰的玻璃杯中。饰以柠檬马鞭草即可。

迷迭香柠檬水

新鲜的迷迭香使柠檬水更具创意。将迷迭香冻在冰块模具中，做成冰块。加入苏打水，更可增添风味。

配料：

15个柠檬

冰块

1½杯（375mL）迷迭香白糖浆（见第9页）

水

装饰物：迷迭香枝

可制成5人份（5杯/ 1.25L柠檬水）

飘仙鸡尾酒

配料：

1根波斯黄瓜

1个柠檬

1杯（250mL）飘仙一号酒

2杯（500mL）迷迭香柠檬水

苏打水

装饰物：大致撕碎的薄荷叶

可制成1罐，4人份鸡尾酒

1. 将3个柠檬的果皮磨碎，备用。所有的柠檬去皮，平均切成4块，去籽，榨汁。

2. 大果汁罐中加冰，倒入柠檬汁和冷却的白糖浆。然后加入柠檬皮，搅拌，再加满水。

3. 将柠檬汁倒入冰镇玻璃杯，饰以迷迭香枝即可。

调制飘仙鸡尾酒

1. 把黄瓜和柠檬切成薄片。将飘仙一号酒和迷迭香柠檬水倒入大果汁罐中，加苏打水。再加黄瓜片、柠檬片和薄荷叶，搅拌。

2. 高脚杯加冰，倒入飘仙鸡尾酒即可。

飘仙鸡尾酒

薰衣草菠萝汁

美丽动人的深紫色薰衣草花能为任何一款食物增添一些法国乡间风情。在本食谱中，它们被浸泡菠萝汁里。

配料：

1个菠萝

1勺新鲜无农药的薰衣草花

碎冰

装饰物：薰衣草枝

可制成2~3人份（2¾杯/680mL果汁）

法国马提尼

配料：

冰块

¼杯（60mL）杜松子酒

1茶匙干味美思酒，如诺瓦丽·普拉

⅓杯（80mL）薰衣草菠萝汁

装饰物：薰衣草枝

可制成1份鸡尾酒

1. 菠萝削皮，去果心，切成三角块状。在榨汁机中先榨薰衣草汁，再榨菠萝汁。

2. 玻璃杯中加碎冰，倒入果汁。饰以薰衣草枝即可。

调制法国马提尼

在鸡尾酒调制器中加冰，倒入杜松子酒、味美思酒和薰衣草菠萝汁。剧烈摇晃后，倒入冰镇玻璃杯，饰以薰衣草枝即可。

菠萝椰奶

新鲜菠萝在这款饮品中味道最佳。不用担心它们多刺的外皮，因为很容易用刀削去，菠萝出汁率高，加一勺椰子冰淇淋就能制成一份怀旧风味的甜点饮料。

配料：

1个菠萝

1罐（430mL）椰奶

4片青柠檬叶

碎冰

可制成3~4人份（3½杯/ 875mL果奶）

1. 菠萝削皮去果心，切成大块（约3杯/560g）。

2. 把菠萝块、椰奶和青柠檬叶放在搅拌机中，搅打至顺滑。

3. 玻璃杯加碎冰，倒入菠萝椰奶即可。

果汁朗姆冰酒

配料：

½杯（125mL）牙买加朗姆酒

¼杯（60mL）马利宝椰子朗姆酒

1½杯（375mL）菠萝椰奶

1杯（250g）冰块

装饰物：菠萝片和椰肉刨花

可制成4份鸡尾酒

调制果汁朗姆冰酒

1. 把牙买加朗姆酒、马利宝椰子朗姆酒、菠萝椰奶和冰放在搅拌机中，搅打至顺滑。

2. 将其倒入玻璃杯中，饰以菠萝片和椰肉即可。

梨汁果酒

梨汁的味道令人愉悦，而它与苹果酒混搭后又有令人惊喜的改变。梨汁中加入带有异国情调的辛辣姜汁，也能变成香醇诱人的美味鸡尾酒。

配料：

5个梨，总重量约1.5kg

1个小柠檬

½茶匙胡椒

6颗丁香

冰块

3根肉桂棒

可制成4人份（4杯/ 1L果酒）

生姜梨汁鸡尾酒

配料：

冰块

¼杯（60mL）梨子利口酒

2汤匙梨子白兰地

½杯（125mL）梨汁果酒

1汤匙剁碎的糖渍生姜

装饰物：梨片

可制成1份鸡尾酒

1. 梨去皮，平均切成4块，去果核。柠檬去皮，平均切成4块，去籽。在榨汁机中榨梨和柠檬。加入甜胡椒和丁香，搅拌。

2. 大果汁罐中加冰，倒入果汁。再添加肉桂棒，在冰箱中冷藏1小时，让味道散发。

3. 最后，将果酒倒入玻璃杯即可。

调制生姜梨汁鸡尾酒

在鸡尾酒调制器中加冰，倒入梨子利口酒、梨子白兰地、梨子果酒和糖渍生姜。剧烈摇晃后，倒入冰镇玻璃杯，饰以梨片即可。

香料苹果酒

制作苹果酒最好的苹果品种是粉红女郎、红富士或布瑞本。一定要用红色的甜苹果来榨汁，用酸涩的澳洲青苹果来做菜。

配料：

8个红富士苹果，总重量约2.25kg

冰块

2根肉桂棒

1茶匙生姜粉

可制成4~5人份（4½杯/1.1L果酒）

香料苹果朗姆酒

配料：

1份香料苹果酒

2茶匙整粒胡椒果

1个橙子的果皮，切成条状

1½杯（375mL）黑朗姆酒

装饰物：肉桂棒

可制成6份鸡尾酒

1. 苹果平均切成4块，去果核，榨汁。静置果汁，让泡沫消退、果汁沉淀。

2. 大果汁罐中加冰，倒入果汁。再加入肉桂棒和生姜粉，搅拌。放入冰箱冷藏1小时，让味道散发。

3. 最后将果酒倒入玻璃杯即可。

调制香料苹果朗姆酒

在平底锅中，用中低火加热苹果酒、甜胡椒、橙皮和朗姆酒。用文火煮到苹果酒温热，但不能煮沸。最后，倒入马克杯，饰以肉桂棒即可。

香料苹果朗姆酒

绿色饮料

经典玛格丽特

青柠苏打水

鲜榨青柠使空气中充溢着柑橘类水果的芬芳。青柠汁和青柠一样美味，以青柠汁为基础果汁，添加其他水果，就能制成许多种类的饮品。

配料：

12个青柠

冰块

2杯（500mL）白糖浆（见第9页）

8片泰国柠檬叶

苏打水

装饰物：青柠片

可制成2人份（2杯/500mL青柠汁）

经典玛格丽特

配料：

粗海盐

碎冰

1杯（250mL）青柠汁

¾杯（180mL）龙舌兰酒

¼杯（60mL）橙子利口酒

装饰物：楔形青柠片

可制成4份鸡尾酒

1. 把4个青柠的果皮磨碎，备用。所有青柠去皮，平均切成4块，去籽，榨汁。

2. 大果汁罐中加冰，倒入果汁和冷却的白糖浆。添加备好的青柠皮、青柠片和泰国柠檬叶，搅拌。加满苏打水后，将果汁倒入冰镇玻璃杯即可。

调制经典玛格丽特

1. 把粗盐撒在小碟子中，用一点青柠汁湿润鸡尾酒杯的杯口，将杯口倒置于粗盐中，备用。

2. 在鸡尾酒调制器中加碎冰，倒入青柠汁、龙舌兰酒和橙子利口酒。剧烈摇晃后，倒入杯口蘸盐的玻璃杯，饰以楔形青柠片即可。

绿色沙冰

营养丰富的健康绿色蔬菜，品种多样，一年四季都能享用到。以本配方为基础，可与不同的蔬菜水果混合搭配。

配料：

1个梨

1个苹果

125g彩虹甜菜

60g菠菜（约2杯）

½杯（20g）切碎的平叶欧芹

½杯（125g）冰块

½杯（125mL）水，或根据需要决定是否添加

可制成4人份（4杯/1L）

1. 梨和苹果对半切开，去果核，切成块。去除甜菜的根茎和大的叶脉，大致切碎（您应准备约3杯/ 90g的量）。

2. 把梨、苹果、甜菜、菠菜、欧芹、冰和水放入搅拌机中，搅打至顺滑。检查浓稠度，如有需要可添加更多的水来稀释沙冰。

3. 最后将沙冰倒入玻璃杯即可。

注意： 将沙冰放入玻璃容器中，可隔夜冷藏保存。喝前摇一摇更美味。

青葡萄汽酒

葡萄的甜度因品种而不同，所以在制作这种新鲜快捷的饮料时，可选择您最喜欢的品种，好好享用吧！添加绿薄荷叶可为其增添令人振奋的清新口味。

配料：

500g青葡萄（约3杯）

碎冰

苏打水

装饰物：绿薄荷叶和10cm的柠檬草茎

可制成2人份（1杯/250mL果汁）

青葡萄桑格里厄汽酒
配料：

2杯（375g）葡萄

2个猕猴桃

2根波斯黄瓜

冰块

1瓶（750mL）冰镇干白葡萄酒，如里奥哈葡萄酒

1杯（250mL）青葡萄汁

½杯（15g）薄荷叶

可制成1果汁罐，6人份汽酒

1. 榨葡萄汁。

2. 玻璃杯中加碎冰，倒入果汁，再加苏打水。饰以绿薄荷叶和柠檬草茎即可。

调制青葡萄桑格里厄汽酒

1. 葡萄对半切开。猕猴桃去皮切片。黄瓜切片。

2. 大果汁罐中加冰，倒入葡萄酒和葡萄汁。再添加葡萄、猕猴桃、黄瓜和薄荷叶，搅拌。在冰箱里冷却30分钟。

3. 最后，将桑格里厄汽酒倒入大的葡萄酒杯即可。

甜瓜猕猴桃冰冻饮料

浅绿色的哈密瓜和色彩鲜亮的猕猴桃混合在一起，可制成充满活力的冰冻饮料。用该款饮料还能制成创意十足的玛格丽特鸡尾酒。

配料：

½ 个甜瓜

4个猕猴桃

1个青柠

½ 汤匙龙舌兰花蜜，如有需要可加更多

4杯（1kg）冰块

装饰物：猕猴桃片

可制成5~6人份（5½杯/ 1.35L冰冻饮料）

猕猴桃玛格丽特

配料：

粗海盐

1½杯（375mL）龙舌兰酒

¼杯（60mL）柠檬酒

1份甜瓜猕猴桃冰冻饮料

装饰物：猕猴桃片

可制成1罐；6~8人份

1. 甜瓜削皮，去籽，切成块（约3杯/ 560g）。猕猴桃去皮，切成四块。青柠去皮，切成4块，去籽。

2. 把甜瓜、猕猴桃、青柠、龙舌兰花蜜和冰放进榨汁机，搅打至软滑。试尝甜度，如有需要可再添加少量龙舌兰花蜜。

3. 将冰冻饮料倒入玻璃杯，饰以猕猴桃片即可。

调制猕猴桃玛格丽特

1. 把海盐撒在小碟子中。沾湿鸡尾酒酒杯的杯口，将杯口倒置在盐中，备用。

2. 在大果汁罐中，混合龙舌兰酒、柠檬酒和甜瓜猕猴桃冰冻饮料。最后，将玛格丽特倒入杯口蘸盐的玻璃杯中，饰以猕猴桃切片即可。

黄瓜辣椒鸡尾酒

冰爽黄瓜汁

您可以用英国黄瓜、波斯黄瓜或普通黄瓜来制作这款冰爽多彩的果蔬汁（普通黄瓜需要削皮和去籽）。混搭墨西哥辣椒后，即可制成鸡尾酒。

配料：

2根英国黄瓜，总重量约875g

碎冰

装饰物：水萝卜

可制成2~3人份（2½杯/625mL黄瓜汁）

黄瓜辣椒鸡尾酒

配料：

碎冰

1杯（250mL）杜松子酒，如添加利金酒

1¼杯（310mL）冰冻黄瓜汁

⅓杯（80mL）青柠汁

1汤匙白糖浆（见第9页）

1个小墨西哥辣椒

装饰物：墨西哥辣椒片

可制成1罐，4人份

1. 用榨汁机榨黄瓜汁。

2. 玻璃杯中加碎冰。倒入黄瓜汁，饰以水萝卜即可。

调制黄瓜辣椒鸡尾酒

大果汁罐中加碎冰，倒入杜松子酒、黄瓜汁、青柠汁和冷却的白糖浆，搅拌。墨西哥辣椒切成4份，加入果汁罐。将鸡尾酒倒入冰镇玻璃杯，饰以墨西哥辣椒片即可。

茴香青柠汁

与经典的柠檬水混搭后，茴香会散发出美妙的香味。加一点儿朗姆酒可将其变成有趣的派对果汁，配上茴香柔软的嫩叶做装饰，就更加美妙了。

配料：

1个大的球茎茴香

3个青柠

½杯（125mL）白糖浆（见第9页），如有需要可加更多

1杯（250mL）水

冰块

苏打水

可制成2人份（2杯/500mL青柠汁）

茴香莫吉托鸡尾酒

配料：

2个青柠

½杯（125mL）白糖浆（见第9页）

茴香嫩叶

1½杯（375mL）白朗姆酒

2杯（500mL）茴香青柠汁

碎冰

苏打水

可制成1果汁罐，6人份

1. 摘除茴香嫩叶，备用。球茎茴香平均切成4块。将青柠皮磨碎，备用。青柠去皮、平均切成4块，去籽。用榨汁机榨茴香和青柠块。

2. 将榨好的果汁、冷却的白糖浆和水倒入果汁杯。试尝甜度，如有需要可添加少量白糖浆。大果汁罐中加冰，再倒满苏打水，饰以备好的茴香嫩叶和青柠皮。在冰箱中冷藏30分钟以便味道散发。

3. 将果汁倒入冰镇玻璃杯即可。

调制茴香莫吉托鸡尾酒

1. 青柠平均切成4块，去籽。在果汁罐中，混合青柠、冷却的白糖浆和茴香叶，留少许茴香叶作装饰。添加朗姆酒和茴香青柠汁，搅拌。

2. 加入碎冰和苏打水。最后，把调好的莫吉托鸡尾酒倒入高脚杯中，饰以备好的茴香叶即可。

薄荷冰糕

薄荷叶汁可能不被看作果汁，但这款清新甜点却能用高速搅拌机制成。此款原味冰糕在添加起泡葡萄酒后可制成沙冰。

配料：

3杯（750mL）白糖浆（见第9页）

3杯（90g）紧实包装的薄荷叶

1汤匙柠檬汁

一撮海盐

可制成4~6人份（4杯/ 1L）

1. 把冷却的白糖浆、薄荷叶、柠檬汁和盐倒入搅拌机，直到薄荷叶被大致打成碎片。

2. 把混合物倒入冰淇淋机，根据说明书操作。制成冰糕后，将其移至密封容器中，冷冻至冻结，约需2小时。

注意：如果您使用的是高速搅拌机，把原料放入搅拌机并加入3杯（750g）冰之后，应按冷冻甜品的设置进行操作。

麦草胡萝卜汁

天然食品市场会销售长在小塑料盒里的麦草。麦草营养价值高，有着强烈的泥土气息和朴实味道，只需一点儿就回味无穷。

配料：

1盒麦草（修剪后约1杯/30g的量）

4根胡萝卜

可制成2人份（¾杯/180mL果汁）

1. 麦草去根。用榨汁机榨麦草和胡萝卜。

2. 将果汁倒入冰镇玻璃杯即可。

图书在版编目（CIP）数据

冰饮 / (美) 艾克曼史密斯著；方懿文译. —— 海口：
南海出版公司, 2014.8
　　（甜品时间）
　　ISBN 978-7-5442-5847-0

　　Ⅰ.①冰… Ⅱ.①艾… ②方… Ⅲ.①果汁饮料 – 制
作 Ⅳ.①TS275.5

中国版本图书馆CIP数据核字(2014)第000887号

著作权合同登记号　　图字：30-2014-063

TITLE：Juicy Drinks
BY：Valerie Aikman-Smith
Copyright © 2012 Weldon Owen Inc.
Original English language edition published by Weldon Owen Inc.
All rights reserved.No part of this book may be reproduced in any form without the written permission of the copyright owners.
Chinese translation rights arranged with Weldon Owen Inc.
Weldon Owen wishes to thank the following people for their generous support in producing this book: Brett Bachtle, Carrie Bradley Neves, Tina Dang, Maxime Genauzeau, Robby McCurdy, Lesli J. Neilson, Elizabeth Parson, Alexa Xixi Reghanti, Karen Seriguchi, Alan Vance, Jason Wheeler, and Greenhouse Design Studio.
本书中文简体版专有出版权经由中华版权代理中心代理授予北京书中缘图书有限公司。

TIANPIN SHIJIAN: BING YIN
甜品时间：冰饮

策划制作： 北京书锦缘咨询有限公司（www.booklink.com.cn）
总 策 划： 陈　庆
策　　划： 邵嘉瑜

作　　者：【美】瓦莱丽·艾克曼·史密斯
译　　者：方懿文
责任编辑：张　媛　雷珊珊
排版设计：柯秀翠
出版发行：南海出版公司 电话：（0898）66568511（出版）65350227（发行）
社　　址：海南省海口市海秀中路51号星华大厦五楼　邮编：570206
电子信箱：nhpublishing@163.com
经　　销：新华书店
印　　刷：北京利丰雅高长城印刷有限公司
开　　本：889毫米×1194毫米　　1/24
印　　张：4
字　　数：60千
版　　次：2014年8月第1版　　2014年8月第1次印刷
书　　号：ISBN 978-7-5442-5847-0
定　　价：32.00元